给孩子的

昆虫记 ⑥

GEI HAIZI DE
KUNCHONG JI

〔法〕亨利·法布尔——著

浩君——编译

小甲虫
和小象虫

民主与建设出版社

·北京·

图书在版编目 (CIP) 数据

给孩子的昆虫记 . 小甲虫和小象虫 /（法）亨利·法
布尔著 ; 浩君编译 . -- 北京 : 民主与建设出版社，
2023.1

ISBN 978-7-5139-4057-3

Ⅰ . ①给… Ⅱ . ①亨… ②浩… Ⅲ . ①昆虫—少儿读
物 Ⅳ . ① Q96-49

中国版本图书馆 CIP 数据核字（2022）第 233368 号

给孩子的昆虫记 . 小甲虫和小象虫
GEI HAIZI DE KUNCHONG JI. XIAOJIACHONG HE XIAOXIANGCHONG

著　　者	〔法〕亨利·法布尔	
编　　译	浩　君	
责任编辑	顾客强	
封面设计	博文斯创	
出版发行	民主与建设出版社有限责任公司	
电　　话	（010）59417747　59419778	
社　　址	北京市海淀区西三环中路 10 号望海楼 E 座 7 层	
邮　　编	100142	
印　　刷	金世嘉元（唐山）印务有限公司	
版　　次	2023 年 1 月第 1 版	
印　　次	2023 年 1 月第 1 次印刷	
开　　本	670 毫米 ×960 毫米　　1/16	
印　　张	8	
字　　数	67 千字	
书　　号	ISBN 978-7-5139-4057-3	
定　　价	158.00 元（全 6 册）	

注 : 如有印、装质量问题，请与出版社联系。

目录

MULU

第一部分

各种各样的
金龟

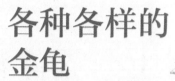

　　说起金龟这种甲虫，你一定不陌生。它们圆溜溜的，形态各异，有的金龟子身上还散发着漂亮的金属光泽，有些喜欢昆虫的小朋友甚至还抓过它们。

小吃货花金龟

在我的院子里有很多花金龟，我可以轻而易举地得到它们。躺在玫瑰花中的花金龟就像一颗绿宝石一般，玫瑰花在它的映衬下显得更加艳丽多姿。

花金龟不吃叶子，也不吃花瓣。那么，它们吃些什么东西呢？想不到吧，这只肥大的家伙居然喜欢吃花蜜喝果汁。

花金龟很贪吃，看花金龟吃东西

可是非常大的乐趣。我给我养的花金龟提供了水果。只要把头或是整个身子都钻进水果中，花金龟就不会再动弹了，甚至连脚尖都没有丝毫动静。花金龟在丰盛的果汁中陶醉着，吃饱了的它们就躺着一动不动，只是嘴巴还微微地舔着，就像小孩半睡半醒时的样子。

酒足饭饱的花金龟就躺在温暖的笼子中，惬意无比。它们之间没有任何嬉戏打闹，除了歇息与进食，它们不干别的。没有任何一只花金龟想要从笼子中飞走，它们没有张开翅膀，也没有爬到金属网纱上。对花金龟来说，交配与产卵这些事情是无关紧要的，花金龟看到这么多的水果就什么都不记得了，它们心里想的全是美食，甚至流下了口水。

天气逐渐变得炎热，所有的昆虫都会暂时躲避起来，花金龟也同样如此。过热的天气让它们不能再享用水

干饭最快乐！

果大餐，转而钻到了沙子下面。花金龟到了九月份才会再次出来进食，九月的西瓜汁和葡萄汁都是不错的食物，不过花金龟在九月进食的时间比较短。到了冬季，花金龟又会钻到沙子下面。花金龟非常耐寒，它们在寒冬里能够保持体质强壮，而且花金龟的幼虫即使被冻成冰块，春天时也能活过来。

第二年三月是生命复苏的时节，这个时候的花金龟也开始从沙子里面往外钻。这时它们不是很喜欢吃东西，直到四月，我看到花金龟开始交配，这说明它们产卵的时节很快就要来临。我准备了一个坛子，以供花金

龟产卵时使用。我把坛子放在笼子里，并且在坛子里面铺了一些干燥的枯叶。雌性花金龟在夏至到来之际纷纷走入坛子中；它们在那里面住了一段时间后又出来，想必产卵已经完成。产卵后的雌性花金龟又存活了一两个礼拜，之后就死在沙土里面了。

授粉能手——花金龟

我们知道蜜蜂和蝴蝶都是授粉能手，很受农民伯伯的欢迎。可是你知道吗，圆滚滚的花金龟也非常擅长给花朵授粉。因为花金龟喜欢吃甜食，在没有水果吃的春天，它们也喜欢在花丛里穿梭，吸取花蜜。这样一来，它的爪子上就带上了花粉，在取食的过程中顺便帮了花儿们的大忙。但是，也不是所有的花金龟都很乖，有一种白星花金龟是农业害虫，它喜欢吃玉米须，这样会导致玉米受粉不良，缺少玉米粒。

珠皮金龟

一坨粪便静静地躺在草原上，引来了很多昆虫清道夫。这些专业的清道夫要把脏东西分解掉，变成对大自然有用的物质。在这些忙碌的身影中，我们可以找到今天的主角——珠皮金龟。

珠皮金龟的身体小小的，只有樱桃核那么大；全身是黑色的，鞘翅上还长着很多黑色的小疙瘩，像一串串

给孩子的昆虫记

的小珠子。因此它被叫作珠皮金龟。

我是在一个春天里认识它们的。

那天我们全家人出去赏杏花，我的小女儿安娜最先发现了它们。那里有一块带着骨头和毛皮的粪便，上面有12只珠皮金龟，它们似乎在吃这些东西。它们喜欢吃粪便吗？不完全是。

经过观察，我发现它们钟爱肉食动物的粪便，因为肉食动物的粪便里含有大量的毛皮、骨头残渣，这是珠皮金龟最喜欢的东西。

我抓了一些珠皮金龟放在实验室里，用狐狸的粪便饲养它们，它们在我的实验室里生活得很开心。它们在三月初开始交配；到了四月底，就会

8

产下一枚枚卵。这些卵就分布在潮湿的沙土里，一枚挨着一枚，没有家，更没有妈妈来照料它们。这些卵的数量不多，只有12枚，这大概就是一位母亲产下的所有的卵。

不久后，卵就变成了幼虫。它们

的身体是圆柱形的，呈灰白色，头黑黑的，足和大颚都相当有力气。跟其他粪金龟不同的是，珠皮金龟十分粗心，从来不会给孩子做窝，更不会准备粮食。所以，这些幼虫从小就缺乏爸爸妈妈的关爱，需要自己去寻找食物。

我把一些珠皮金龟幼虫放在玻璃管里，并且为它们提供了充足的带毛粪便。它们在沙子上挖出一个一指深、铅笔那么粗的坑道，然后把一些食物拖进坑里，慢慢享用。等到食物吃完了，它们就再次返回地面上，继续寻找食物。这种坑道不会坍塌吗？不会的，因为珠皮金龟幼虫会把一些食物涂在洞壁上，让墙壁更加牢固。

xià zhì shí jié zhè xiē yòu chóng kāi shǐ biàn chéng yǒng

夏至时节，这些幼虫开始变成蛹

le tā men duǒ zài zì jǐ de jiā lǐ bù chī bù

了，它们躲在自己的家里，不吃不

hē qī yuè zhōng xún shí chéng chóng yǔ huà chū lái le

喝。七月中旬时，成虫羽化出来了。

zhè xiē piào liang de xiǎo jiā huo lái dào dì miàn shàng zài hú

这些漂亮的小家伙来到地面上，在狐

li de fèn biàn lǐ ān jiā chéng le yì xiē táo fèn gōng

狸的粪便里安家，成了一些淘粪工。

zài hán lěng de dōng tiān lǐ tā men dōu bú huì gōng zuò

在寒冷的冬天里，它们都不会工作，

ér shì duǒ zài fèn duī xià miàn zhí dào chūn tiān lái lín cái

而是躲在粪堆下面，直到春天来临才

huì chóng xīn gōng zuò

会重新工作。

虫虫冷知识
CHONGCHONG LENG ZHISHI

金龟大家族

　　金龟总科是一个庞大的虫虫家族，根据家族成员的形态和食性
差异，又分成了犀金龟科、花金龟科、粪金龟科等。有一种经常被
当成宠物的"独角仙"虫，就是犀金龟科的成员，它长着像犀牛一
样的角，非常独特。而我们文中提到的珠皮金龟，是粪金龟科的成
员，粪金龟科的小家伙们都喜欢吃臭臭的东西，是大自然的清道夫。

松树鳃角金龟的歌声

松树鳃角金龟只出现在松树上，它长得很漂亮，散发着高雅的气质。在它那件栗色或者黑色的外衣上，分布着丝绒状的小白点，很别致。

雄性松树鳃角金龟的触角上，有七片叶片形的头饰，雌性的触角上有六片。在它们高兴的时候，就会把头饰展开，变成小扇子形。这个头饰有什么用呢？是一种感觉器官吗？不是的，它就像蝴蝶的触角一样，是一种可以吸引异性的装饰品。

夏至前后，当第一批蝉出现的时候，松树鳃角金龟也跟着出现在松树上。这个时节的每天傍晚，松树鳃角金龟都会来到荒石园里的松树上。雄性松树鳃角金龟在松树上盘旋，把触角上的叶片展成一把小扇子。它们在做什么？原来，它们正在向美丽的松树鳃角金龟姑娘求爱。在黄昏的时候，它们要举行一次欢乐的聚会，一边吃着松针，一边欢乐地嬉戏。

为了观察它们的嬉戏，我抓了一些松树鳃角金龟，放在我的罩子

里，我还在里面放了一根松枝。可惜的是，因为失去了自由，它们看起来闷闷不乐，没有嬉戏打闹。或许，它们会在

我们是会唱歌的金龟！

深夜时分进行交配，我还需要继续观察。神奇的是，松树鳃角金龟会发出声音，那种声音类似橡皮划过玻璃的声音。这其实很简单，用它们的鞘翅和腹部相互摩擦，声音就发出来了。

在什么情况下，松树鳃角金龟会奏响乐器呢？当我抓住一只松树鳃角金龟，它的发声器就会突然发出声音，直到我把它放开为止。显然，这种音乐并不是在它感到快乐的时候奏响的，它在痛苦地哀叫，求我放开它。反而是在危险解除、感到高兴的时候，它才会一言不发。不过也有一些昆虫，唱歌是为了解闷，为了表达自己的愉悦，比如蝉和螽斯。

当昆虫听到人类的声音，会不会有什么反应？它们能够欣赏人类喜欢的音乐吗？我的朋友送给我一个八音盒，我决定邀请天牛和松树鳃角金龟跟我一起欣赏音乐。可遗憾的是，天牛和松树鳃角金龟对这些美妙的乐曲丝毫不感兴趣，它们的触角一动不动，静静地趴在那里，好像睡着了。

我想，昆虫的听觉系统与我们不同，它们能听到并且喜欢的声音当然也跟我们不一样。

鳃角金龟

居住地： 世界各地

外号： 六月虫

外貌特征： 身体一般呈饱满的椭圆形，体色很美丽，触角有 8 ~ 10 节。鞘翅上有 4 条纵脉，一对前足是开掘式，六只爪子上有小齿

最爱的食物： 树根（幼虫期）、树叶（成虫期）

优点： 会用翅膀唱歌，喜欢穿漂亮的花衣服

缺点： 是一种害虫

著名事迹： 小时候（蛴螬期）可以让贪吃虫子的鸡中毒；长大后啃食树叶，连树的种子也不放过

松树鳃角金龟的幼虫

七月中上旬时，我抓到的那些雄性松树鳃角金龟蜷缩在角落里，平静地死去了。雌性正在努力产卵，不过这个过程更像在播种。

雌性松树鳃角金龟用犁形的腹部末端挖土，挖一个深度跟它的体长差不多的洞，然后在这个洞里产下20枚卵。做完这一切后，它就离开了，丝毫没有多照顾一下自己未出世的宝宝们。

这些卵会怎么样呢？它们就像植

物的种子，只要土壤足够湿润温暖，就可以"发芽"。这些卵呈椭圆形，长4.5毫米，是不透明的白色。一个月后，到了八月中旬，这些卵才开始孵化。它们吃些什么呢？很简单，我只要把新鲜的沙子和腐烂的树叶、树皮搅拌在一起，就可以做出它们喜欢的美食。新生儿在这堆食物里到处挖掘隧道，抱着腐烂的树叶啃得津津有味，快乐极了。

这些小家伙不会很快长大，它们的幼虫期很长，有好几年呢。至少要三四年后，我才能看到快要变成蛹的大幼虫。不过，如果我想立刻观察到它们长大后的样子，也不是什么难事，只要去田野里挖掘几次，我就可以得到胖乎乎的大幼虫。这些幼虫白白胖胖的，身体像个弯钩，脑袋红红的，前部是乳白色，尾部的肠道里有褐色的粪便。这些粪便不会很快被排

我不想长大！

出体外，因为这些粪便可以帮助鳃角金龟制造蛹室，这可是绝佳的建筑材料。

我是在一片沙地上找到这些大幼虫的，那里有一些禾本植物，周围没有树木。可以看出，松树鳃角金龟夫妻在松树上嬉戏、交配；之后松树鳃角金龟妈妈会放弃自己的松树乐园，特意飞到很远的地方，寻找有腐烂植物的地方产卵。

普通鳃角金龟的蛴螬喜欢吃鲜嫩的树根、作物根茎，是农作物的大敌。不过我们的松树鳃角金龟幼虫不一样，它们喜欢吃腐烂的植物，从来不去残害活着的植物。成虫虽然喜欢吃松叶，但是吃得并不多，不会造成什么危害。如果我有一棵松树，我是不会介意它们来吃松针的。那么多的叶子被吃掉一点，不是什么要紧的大事，还是不要去打扰它们吧，它们是夏季黄昏时的小小装饰品，是夏至日出现在松树上的美丽珍珠。

虫虫冷知识
CHONGCHONG LENG ZHISHI

有趣的蛴螬

金龟科昆虫的幼虫统称蛴螬，它们的样子差不多，都有红色的小脑袋和白白胖胖的身体。通常情况下，它们喜欢把身体弯成C形。有的蛴螬喜欢吃鲜嫩的树根、作物根茎，有的蛴螬却更喜欢吃腐烂的树叶和肥料。有的蛴螬在长大的过程中还会蜕皮，根据蜕皮的次数，可以分为1龄、2龄、3龄。有趣的是，这种小家伙还会装死。在遇到危险的时候，蛴螬会一动不动，就像一条死去的虫子，这样就可以骗过一些喜欢捕食活虫的天敌。

第二部分

爱吃粮食的
小象虫

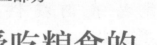

　　人类种出了好吃的粮食，但这些粮食不完全属于我们。大自然提供阳光和雨露，帮助我们使粮食成熟，同样也在帮小象虫们让粮食成熟。象虫不会种地，但照旧按时过来"收税"。现在就让我们来认识一下这些尽职尽责的小小收税官吧！

豌豆象

豌豆是一种很受欢迎的作物，它口感很好，像玉米、谷子、萝卜一样，能给我们提供各种营养物质。不光我们喜欢豌豆，豌豆象也喜欢它。

让我们好好瞧瞧豌豆象。在整个冬天，它躲在法国梧桐树那翘起的树皮里，直到春天来临的时候才会开始活动。它头很小，嘴巴大大的，身着缀有褐色斑点的灰衣裳，长有扁平鞘翅，尾根有两个大黑痣，身材矮粗。

　　在豌豆花盛开的时候，这群小家伙就在花瓣上沐浴着阳光，尽情舞蹈。许多豌豆象在这时会举行婚礼，非常快乐。等到豌豆花凋谢，豌豆荚里长出豆粒的时候，豌豆象妈妈就要开始产卵了。豌豆象卵呈琥珀黄色，是椭圆形的，长1毫米。每个卵都用凝固的蛋清细纤维网粘附在豆荚上，十分牢固。

　　豌豆象宝宝一孵化出来，就会在豌豆荚上钻孔，然后爬到豆粒处，在最近的那颗豆粒上安顿下来。它会在豌豆上钻井，钻到豌豆的里面去，然后在中间不停地吃啊吃。不过豌豆象宝宝从来不吃豌豆的胚芽，可能因为那里不合它的胃口。也幸亏这样，被豌豆象宝宝吃过的豌豆都可以发芽长大。

豌豆象妈妈产卵的时候，可不会在乎一个豌豆荚里有多少豌豆，所以未来的宝宝可能没办法独占一粒豌豆，好几只幼虫共享一粒豌豆的情况也很常见。它们会不会打起来？当然

不会，它们会相安无事地生活在同一

粒豌豆里，就算碰面了也不会打架。

可是，最后只有一只豌豆象宝宝能成

功长大，因为它们需要到豌豆中间去

吃柔软又有营养的食物，谁先到达中

心，谁就可以吃上这珍贵的食物，后

来的会饿死在路上。

　到了快要可以出去的时候，豌豆

象宝宝就要在已经变硬的豌豆粒上打

洞了。不过，这个洞口既要隐蔽，免

得引来天敌，又要方便自己钻出去。

聪明的豌豆象宝宝很有办法，它先用

坚硬的大颚啃出一条通道，这条通道

的尽头是半透明的豌豆表皮，也是它

的"门"。它在表皮上刻出一圈浅浅的

凹槽，等它变成成虫之后，只要用脑袋一顶，这扇小门就开了。

　　从方方面面去观察昆虫，是昆虫观察者的最大乐趣。不过，对于那些目光短浅的商人来说，一小把可以卖钱的、完好无损的豌豆，比一堆无法卖钱的观察报告好多了。

虫虫冷知识

豌豆象的天敌

　　读完这篇文章，你一定会觉得，聪明的豌豆象宝宝这么善于隐藏自己，应该不会遇到危险。其实不然，有一种小小的寄生蜂专门对付豌豆象，它的头和胸呈棕红色，肚腹黑色，并带有长长的螺钻，它们还有泛红的爪子和丝状触角。当豌豆象幼虫做好通道，这种小蜂就赶来了，它在豌豆表皮四处试探，一旦发现豌豆象的门，就会用自己的钻头把它刺破，再把卵产在豌豆象的幼虫或者卵上。此时的豌豆象是半睡眠状态或者蛹的状态，根本无法反抗。

象态橡栗象

　　在我们那片地区，最好玩儿的昆虫是象态橡栗象。它的名字起得真妙！瞧它那副滑稽相，嘴上还叼着一只长烟斗哩！橡栗象用这个长长的东西来干什么呀？

　　用不着看象态橡栗象干活儿，我们也可以猜测到那东西是个钻头。十月上旬，我终于看到象态橡栗象在干活儿了。在墨绿的橡树上，我发现一只象态橡栗象，长鼻子已经有一半钻进一只橡栗中去了。我把那根树枝折断，轻轻地放在地上。那只象态橡栗象没有注意到，仍在继续干着。我躲在一丛矮树后面，蹲在它的近旁，看着它干活儿。

象态橡栗象脚上蹬着黏性套鞋，可以牢牢地贴在光滑浑圆的橡栗上。它要先在选好的橡栗上面爬一圈，确定这个橡栗没被别人占领，再开始挖洞。它缓慢而笨拙地围着它那根插入橡栗中的钻杆移动着，在画着半圆，圆心就是钻孔，画好后，它又折回头来，画一个反向的半圆。长鼻子一点一点地钻进去。钻洞的过程需要好几个小时，等它钻好洞，就会产卵。有时候象态橡栗象妈妈辛辛苦苦地钻好了洞，却没有产卵，这

shì yīn wèi tā fā xiàn dǐ bù de xiàng lì
是因为它发现底部的橡栗

róng máo yè bú gòu kě kǒu， tā bù mǎn
茸毛叶不够可口，它不满

yì。 wèi le ràng zì jǐ de bǎo bao chī
意。为了让自己的宝宝吃

到可口的食物，这位妈妈十分辛苦。

象态橡栗象的卵产在橡栗井的最底端，也就是接近茸毛叶的地方，在那里有一些多汁的絮状食物，可以给刚出生的娇嫩幼虫提供营养。等到幼虫大一些，就可以爬进橡栗的果肉里，吃些坚硬的粮食了。一只象态橡栗象宝宝从出生到变成成虫，刚好可以吃掉一整个橡栗。如果一只橡栗里有两只象态橡栗象，那可就糟了，它们会挨饿的。

令我好奇的是，象态橡栗象的卵是怎么来到洞口底部的茸毛叶上的？我想，或许象态橡栗象会在洞口产卵，让卵掉到下面去？可是，橡栗并不总是朝着一个方向生长，如果象态橡栗象的洞口是朝向地面的，那可没办法把卵扔到洞底部去。而且新生的卵那么脆弱，即使真的掉进底部，可能也会摔坏。我解剖了一只象态橡栗象，找到了答案。原来在象态橡栗象妈妈的体内，藏着一根可以伸缩的的管状产卵器，它就是用这根长管子把卵送到茸毛叶附近的，这真是太巧妙了。

虫虫冷知识

榛子象

有一种小家伙跟象态橡栗象是亲戚，它叫榛子象，喜欢吃榛子。当榛子还没有成熟的时候，榛子象成虫就会在还没有变硬的榛子壳上钻洞，然后在里面产卵。随着榛子的成熟，卵也孵化成幼虫，并且把榛子仁当口粮，把榛子壳当自己的小房子。如果你在吃炒熟的榛子的时候，咬到一颗果仁残缺、味道奇怪的榛子，那说明这颗榛子曾经可能是榛子象宝宝的家。如果你吃的是生榛子，运气好的话，可能会在榛子里发现榛子象家的"小主人"——一条白白的小蠕虫。

菜豆象

菜豆是一种很受人欢迎的食物，它很有营养，味道又好，被认为是上天赐给穷人的点心。

可是，象虫科昆虫好像瞧不起菜豆。所有的豆类，连最小的小扁豆都难逃象虫的毒手，而菜豆却安然无恙，这可真让人难以理解。我想，可能因为菜豆来自新大陆，我们当地的象虫不认识它，所以才没有吃它。

我的一些朋友听说我在寻找吃菜

豆的虫子，就给我从马雅内寄来了一斗千疮百孔的菜豆。这些豆子里蠕动着无数象虫，它们小得就像小扁豆中的小象虫。我赶紧把几只小家伙放在我的菜豆地旁边，想看看它们会干什么。令我失望的是，这些小家伙只是爬上菜豆茎，在豆荚上晒了晒太阳，就全都飞走了。直到我的菜豆收获，我都没有发现一颗虫卵。

我还在玻璃瓶子里做过一些实验。我用长形瓶子装了一些新鲜豆荚，里面的豆粒接近成熟。每只瓶子里都放了不少的菜豆象。这一回，我获得了一些菜豆象卵，但菜豆象妈妈把这些卵产在了玻璃瓶内壁上，而不

是豆荚上。这些幼虫孵化出来之后并没有去吃新鲜的菜豆，过了几天，它们竟然饿死了。

原来，它们不喜欢新鲜的菜豆。那么它们到底需要些什么呢？它们需要晒干的菜豆。我马上

快给我来点晒干的！

在我的玻璃瓶里放进一些硬邦邦的豆荚。这一回，菜豆象人丁兴旺，幼虫们顺利地找到食物，在菜豆上钻来钻去。

我发现，菜豆象就是在菜豆进入粮仓前才出现的。农民在田野里晒菜豆，等菜豆变得干干的，再把它们收进粮仓。就在晒菜豆的过程中，菜豆象来到这里并产下了卵，又被毫不知情的农民一起收走了。菜豆象的卵是白色的椭圆形小粒，最多五天就可以孵化出一只小小的幼虫，别看它小，它的大颚可是非常锋利的，每只小家伙都善于在坚硬的豆子里挖洞。

这种侵害者一旦在我的宝贵的谷仓中安顿下来，它们的破坏力可大着哩！

光一粒菜豆上面就要住二十多只菜豆象，它们可以把菜豆完全吃空，只剩外皮。而且它们不挑食，无论什么品种的菜豆都很喜欢。我还给了它们扁豆、蚕豆，它们也照吃不误。

要怎么防止它们侵害我们的粮仓呢？很简单，只要喷洒农药就可以了。

虫虫冷知识
CHONGCHONG LENG ZHISHI

米缸里的小虫子

在生活中，你有没有见过长期储存的大米中出现的黑色小虫子？这种小虫子叫米象，是菜豆象的亲戚。它吃大米的方式跟菜豆象吃菜豆差不多，成虫喜欢啃食大米，幼虫喜欢躲在大米的内部，一点一点地吃大米。如果你不小心捏扁它，会听见轻微的脆响，这是因为它身上有甲壳一样的鞘翅。所有的象虫都有鞘翅，它们是一种小小的甲虫。米象当然不是凭空出现在大米中的，而是被大米吸引来的。我们在储存粮食的时候，要注意放在干净、密封的容器中，防止小虫子盯上这些粮食。

色斑菊花象

有一种象虫十分偏爱菊科植物，喜欢在蓟草、矢车菊、飞廉等植物中安家落户，它就是色斑菊花象。

整个夏天和秋天，路边都长满了蓟草，它们长着蓝色的圆形花球，形状像个海胆。远远看去，这些可爱的小花球就像星星一样美丽。这就是色斑菊花象的聚集地。六月还没有结束，它们就出现在还是花苞的花球上，四处寻找心仪的伴侣。很快，两

只色斑菊花象举行了婚礼，很快又分开
了，这时雄性色斑菊花象会去找点东西
吃。虽然这里有很多可口的花骨朵，但
是色斑菊花象知道，那都是留给幼虫
的，因此它们只会啃几口叶子。

雌性色斑菊花象很快就要当妈妈
了。它需要把卵产在花苞里，这可不是

一件容易的事情。它先用自己的喙和大颚切割花苞，在上面挖出了一个深坑，然后翻转身子，准备把卵产进去。可是，它的肚子太大了，根本塞不进窄窄的坑里。这时，色斑菊花象妈妈会把自己的管状产卵器伸出来，这样就可以把卵送到深坑里面去了。

等到色斑菊花象妈妈离开，我就去观察这个花苞。这个花苞上面有微微突出的斑点，每个斑点的下面都有一颗卵。那颗卵藏在深坑底部的圆形小屋里，是黄色的椭圆形，被一层褐色的物质包裹着。在一朵花上，当然不可能只住着一只色斑菊花象宝宝，通常有三只。孵化的幼虫宝宝很小，有一个橘黄色的脑袋和小小的白色身体。

我把有虫卵的花朵摘下来，带回家观察，可奇怪的是，这些卵里孵出的幼虫很快就饿死了。我又找来一些这样的花朵，可是不久后，幼虫还是饿死了。我剖开花朵，没发现被啃咬过的痕迹，所以我判断，色斑菊花象幼虫的食物是花朵里面的汁液，它们不会吃固体食物。

一开始，色斑菊花象幼虫的进食并不会影响花朵的正常盛开。那些住着幼虫宝宝的花朵照样会开放，只是花托上多了一些小小的斑点。可是随着幼虫逐渐长大，需要的营养越来越多，住的小房子也越来越大，花朵就被摧残到凋谢了。

虫虫冷知识
CHONGCHONG LENG ZHISHI

小小建筑家

色斑菊花象的幼虫其实是了不起的建筑家。它们在花苞里住着的时候，可不是只知道吃和睡的。它们会排出一种白色的黏液，把这种黏液跟花蕊、花瓣碎屑等杂物混合在一起，就可以建造一座舒适又安全的小屋，即使下大雨也不怕。随后，菊花象幼虫就在这个小屋里变成蛹，再从蛹变成成虫，离开小屋。

象虫化石

在阿普特周围，一种奇特的岩石遍地皆是，它已经风化得像书页了，类似于浅白色的硬纸板片。我们从这礁石上分离出一块石板来，然后再用刀尖把这块石板分成一些薄片，这样做就像是在查阅从大山图书馆取出的一本书，还是一本配有精美插图的书。

这是一部大自然的手稿，它几乎每一页都有一些插图。在这一页上，展现的是随意聚集在一起的鱼类。鱼刺、鱼鳍、脊椎架、鱼头小骨和已变成黑色小球的晶状眼球等全都印在上面，与生前的自然形态一模一样。这些鱼成群结队地在那儿的平静的水里生活过。湖水突然猛涨，夹带着厚厚的淤泥的浪涛使它们窒息而死。它们很快就被淤泥掩埋起来，因而逃过了暴风雨的毁灭性打击，变成了我们看到的样子。

我们继续往下翻阅。现在看到的是昆虫。最常见的是双翅目昆虫，个头儿很小。还有一些小虫子也在上面，它们是些什么样的虫子呢？看看它们延伸成喇叭状的狭小的脑袋，我们就一清二楚了。它们是长鼻鞘翅目昆虫，是有吻类昆虫；说得文雅点，就是象虫。细小

的、中等个头儿的、大个头儿的全都
有，与它们今天的同类的大小一
样。象虫是在哪儿找到这种
器官的模型的？它哪儿

也没找到过这种模型，它自己就是这种模型的创造者。除了它以外，其他任何鞘翅目昆虫都没有这种奇形怪状的嘴。

　　这些肢体残缺不全、身体扭曲着的象虫，不是突然被埋葬的。它们是被雨水冲来的，在途中遇到细枝碎石，把肢体给弄得残缺不全。它们虽然身有铠甲，但肢爪上细小的关节却被弄弯弄残了。这些外来的象虫也许来自远方，它们向我们提供了宝贵的资料。如果说湖边昆虫类的最主要代表是蚊子的话，那么树林中昆虫类的代表则是象虫。在那个时代，天牛、步甲都还没有出现呢，象虫可以说是昆虫里的长者。

　　象虫家族一直族人众多，繁衍至

今，特征未变。它们今天的形态就是它们在各大陆的古老年代的形态，这一点石灰岩书页已经告诉我们了。在它们祖先的那个时代，我们的普罗旺斯还有棕榈树和湖泊哩，地质的变化是多么神奇啊。

虫虫冷知识

化石的来历

化石是怎么形成的？当生物死亡后，它身体上的有机质，也就是血液、皮肉、内脏会被食腐生物和细菌一点点吃掉，只留下骨头、甲壳等坚硬的无机质。这些坚硬的物质会随着地质的变迁，跟周围的土地或岩石融为一体，直至变成骨骼形状的石头，比如我们现在看到的恐龙化石就是这样的。有些小动物的骨骼比较小，它们的化石就像浮雕一样镶嵌在石片上，就像法布尔描写的那些一样。化石的形成过程十分漫长，生物死后要经过上千年甚至上万年，才会变成化石。

第三部分
步甲家族

　　有这样一类小甲虫，它们长得挺漂亮，却十分凶残，不是残害同类，就是吞食别的昆虫。这些喜欢吃肉的小家伙都是步甲家族的成员，如果你感兴趣，可以认识认识它们。

金步甲的食物

我在一个大钟形罩里养了25只金步甲，它们看起来懒洋洋的，一点也不活泼。

一个偶然的机会，我找到了一串正准备去做茧的松毛虫，大约有150条。我想，把这些家伙送给金步甲吃是最好不过的。我把它们丢进金步甲的家里，那些懒洋洋的金步甲一下子兴奋起来，纷纷扑向松毛虫，很快就把它们消灭掉了。这可真是松毛虫的克星啊，没想到金步甲的胃口竟然这么大！最可怕的是，金步甲没有泥蜂那样的麻醉液，也没有螳螂那威风的大刀，它只靠坚硬的大颚和敏捷的腿，就把松毛虫给抓住吃掉了。

　　松毛虫的毛会让人浑身发痒，难道金步甲不怕它们的毛吗？我又找来一种体毛茂密的刺毛虫，这次金步甲似乎害怕了。刺毛虫大摇大摆地在金步甲的家里转悠，而那些金步甲好像不认识它的样子，时不时地围着它打量一番。有些大胆的金步甲试图靠近刺毛虫，很快就被刺毛虫那又厚又长的尖刺给扎到了，不敢下嘴。刺毛虫就这样逍遥了好多天，金步甲饿坏了。最终，几只大胆的金步甲还是勇敢地扑上去，把刺毛虫吃得只剩刺。

我能抓到什么样的虫子，全凭运气。因此，那些金步甲的食谱也不是固定的。我发现，可怕的昆虫克星金步甲也有弱点。因为它没有特别的武器，所以无法制服体型比自己大的猎物。有一次我找来了大孔雀蛾的幼虫，金步甲扑上去咬住了它的尾巴，大孔雀蛾的幼虫只是甩甩尾巴，金步甲就飞了出去。金步甲像是被吓到了，从此再也不敢进攻。而且金步甲不会飞，也不善于爬树，只能在地面上行动，因此错失了很多美味。

除了毛虫，金步甲还吃什么呢？

它还喜欢吃蛞蝓和蜗牛。它很喜欢吃脆脆的东西，特别是蜗牛的脆壳和蛞蝓体内的那一点内壳。到了下雨天，蚯蚓会从地下钻出来，也会成为金步甲的美食。金步甲吃不吃甲虫？我找来一只花金龟，起初金步甲无法掀开花金龟那硬邦邦的鞘翅，找不到地方下嘴。但是没过多久，金步甲就发现了它的弱点，还是把它给掏空了。我还给金步甲喂过沙丁鱼，可是金步甲对这种食物没有兴趣，吃了几口就丢掉了。

通过一系列的观察，我可以得出结论了：金步甲只吃跟自己体型相当，并且自己十分熟悉的猎物，太大或者陌生的食物它们是不感兴趣的。

金步甲的秘密

金步甲是怎么吃东西的？是像我们人类一样，一口一口咬碎吞进肚子里的吗？不完全是。金步甲在吃东西之前，会先在猎物表面喷洒一些消化液，让猎物的肉变软，这样吃起来更省力。金步甲喜欢潮湿、温暖的环境，分布在亚热带地区和热带地区。住在我国南方地区的小朋友很可能在河边草地见到过它的身影。

金步甲凶杀案

众所周知，金步甲是毛虫的天敌，所以无愧于它"园丁"的称号。虽然它长着漂亮的金属色鞘翅，但它是个凶狠的吞食者，是所有弱小昆虫眼里的恶魔。不过，它也会惨遭灭顶之灾，也会被其他昆虫甚至是它的同类吃掉。

有一天，我在我家门前的梧桐树下捡到一只鞘翅受伤的金步甲。它的

伤势不重，所以我把它跟我养的另外

25只金步甲放在了一起。可是第二

天，我发现它被掏空了，只剩贝壳一

样的鞘翅躺在那里。我很吃惊，因为

笼子里不缺食物。而且它们平时的相

处也很融洽，即使两只金步甲相撞

了，也不会打架的。

　　六月，天刚开始热时，我发现有

一只金步甲死了。不几天，又有一只

金步甲被害，可是护甲全都完好无

损。残骸越来越多，以致笼中居民迅

速减少。如果继续这么残杀下去，那

我的笼子里很快就什么也没有了。

　　我想弄清楚这件事的原因。终

于，我在大白天撞见了两次作案

过程。

　　将近六月中旬，我亲眼看见一只雌金步甲在折腾一只雄金步甲。雌性攻击者掀起雄金步甲的鞘翅末端，从背后咬住。受害者精力充沛，却并不反抗，也不翻转身体。它只是尽力在往相反的方向挣扎。搏斗持续了一刻钟，最后，那只雄金步甲使出浑身力气逃走了。几天过后，我又看到一个相似的场面，不过这次可怜的家伙没有逃脱，被雌性金步甲给吃掉了。金步甲们大概就是这样死去的，而且死的总是雄性。从六月中旬到八月一日，开始时这里有25个居民，现在只剩5只雌性金步甲了。

xióng xìng jīn bù jiǎ shēn qiáng lì zhuàng kě yǐ bó
雄性金步甲身强力壮，可以搏

dòu kě zhè shǎ guā què rèn píng duì shǒu yǎo zì jǐ de pì
斗，可这傻瓜却任凭对手咬自己的屁

gu zhēn shì qí guài yuán lái zhè jìng rán shì tā men
股，真是奇怪！原来，这竟然是它们

hūn lǐ zhōng de zhòng yào huán jié dāng cí xìng jīn bù jiǎ wán
婚礼中的重要环节！当雌性金步甲完

成交配，肚子里有了卵，就会吃掉一只雄性金步甲，为自己补充营养。这一点跟螳螂和蝎子很像，是肉食昆虫的一种习性。就算是螽斯和某些蝗虫，偶尔也会吃同类的尸体。可是，住在我这里的金步甲并不缺少食物，它没有理由这样做。

这种残忍的习性到底是什么原因促使的呢？如果条件允许的话，我一定要把它弄个一清二楚。

在昆虫界，确实存在雌性昆虫把自己的丈夫吃掉的事情，就连素食者蟋蟀也有这样的想法。雌性蟋蟀有时会把雄性打翻，然后咬上几口。

金步甲

外形特征: 体长 2 厘米左右，身体多为黑色、褐色，带有彩虹金属光泽，后背上有凹凸不平的纹路

家乡: 西欧地区

居住地: 潮湿温暖的地方

喜欢的食物: 毛毛虫、蜗牛、金龟子

优点: 能够消灭农业害虫，是农民伯伯的好帮手

缺点: 生性残忍，食欲旺盛

黑步甲战神

　　黑步甲长得很漂亮，这点毋庸置疑。然而，我们千万不要被它美丽的外表所迷惑，因为它们只是一群爱好战斗的家伙。

　　我养了一些黑步甲，它们全身都是黑色，力气很大。我找了几片碎陶瓷片作为它们遮蔽身体的东西，就像岩石下面的隐藏之地一样。我还在笼子的中央部位插上了一簇青草，这真是个适合生活的美好地方。

这些黑步甲喜欢吃蜗牛，我每天都为它们抓蜗牛吃。黑步甲一看到蜗牛，就扑过来吃蜗牛壳边缘露出来的蜗牛肉，吃得满头都是蜗牛身上的汁水。跟其他的步甲不同，黑步甲喜欢在隐蔽的地方独自享用美食，谁也不打扰谁。

除了蜗牛，黑步甲还喜欢吃松树鳃角金龟，虽然松树鳃角金龟个头很大，但是黑步甲一点也不怕它，还会扑上去跟它战斗一场。黑步甲的力气很大，还会喷出一种有腐蚀性的毒液，松树鳃角金龟自然不是它的对手，没一会儿，黑步甲就把它当作战利品给吃掉了。

另外，黑步甲有一个有意思的习

性。每当它们受到外界的侵扰时，都会倒在地上，肚子朝天，假装自己已经死了。大头黑步甲装死的行为让我印象深刻，没想到它竟是个演员呢！

黑步甲是非常残忍的刽子手，它什么都敢干。黑步甲的武器就是它那双尖利的螯，它又大又锋利。黑步甲对自己的实力非常清楚，每当我骚扰它们时，它们总会把身子摆成弓形，俨然一副防御的样子。我的黑步甲会在沙地上挖一个30厘米宽的大洞，洞口的形状像个漏斗，下面是一段地道。这是在做什么呢？我们很快就知道答案了。我把一只蝉放进笼子，黑步甲一点也不怕这个庞然大物，先是把蝉揍了个鼻青脸肿，随后把它拖进了洞里。可怜的蝉一旦被拖进去，就很难再爬出来，因为地道很窄，洞口的漏斗形斜坡也很难攀爬。

黑步甲喜欢自由，因此它们能够在自然环境里生活得非常惬意，皮麦里虫或是各种金龟都

别打了 别打了！

是它们的盘中之餐。面对自己的猎物，黑步甲并不急着吃掉，而是带回家中细细品味。因为它的家是个十分安全的地方，在这里不用担心有坏家伙想要抢夺食物。黑步甲喜欢在黑暗和安静的地方进食。一旦猎物被送到自己的秘密基地，黑步甲就开始大胆地狼吞虎咽起来。

虫虫冷知识
CHONGCHONG LENG ZHISHI

小吃货黑步甲

黑步甲可以说是不折不扣的吃货，它除了喜欢吃昆虫，偶尔还会吃些甜甜的水果。像桃子、苹果、葡萄，都是它喜欢的小点心。不过它最喜欢吃的还是蜗牛，它会用坚硬的大颚把蜗牛壳咬碎一点，然后吃掉蜗牛的身体。它的脑袋很小，嘴巴却很大，这样的身体结构，能让不幸被盯上的蜗牛无处可逃。

第四部分

芫菁的秘密

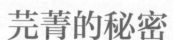

　　芫菁是一种很漂亮的虫，它们有着各式各样的美丽外衣和苗条的身材，就像一件件精美的工艺品。神奇的是，同为芫菁家族的成员，每种芫菁爱吃的东西却都不同，甚至大相径庭。而且更好玩的是，芫菁幼虫要经过很多次的蜕皮和化蛹，才会变成一只漂亮的成虫。芫菁，你身上究竟有多少秘密？

谢氏蜡角芫菁
xiè shì là jiǎo yuán jīng

一天，我跟我的儿子正在观察步甲蜂的劳动成果。它的蛹室里存着一些螳螂，那是它为宝宝准备的食物，而我要把这些蛹室收集起来。

就在这时，我偶然发现了一只奇怪的幼虫，当时它在步甲蜂的洞穴里吃着螳螂。它的身体弯弯的，白白软软的，有点像象虫的幼虫。我明白了，这是一种寄生昆虫，以别的昆虫

wèi bǎo bao zhǔn bèi de liè wù wéi shí　　kě tā huì shì shuí ne
为宝宝准备的猎物为食。可它会是谁呢？

tā zhǎng zhe cū dà de tóu hé qiáng zhuàng de dà è
它长着粗大的头和强壮的大颚，

chù jiǎo hěn duǎn　　bìng qiě fēn wéi sān jié　　zài tā nǎo dai
触角很短，并且分为三节。在它脑袋

的后面，身体被分成了12个体节，界线很清晰，第一个胸节要长一些。它的脚短短的，是透明的，末端还有个小爪。它的中胸上还有一对气孔，8个腹节的每一边都有红褐色的小气孔。根据这些特征，我可以判断出它是芫菁的幼虫。可这是哪一种芫菁呢？短翅芫菁只吃蜂蜜，西芫菁也不爱吃螳螂，它肯定不是这两者中的一种。

这些家伙很贪吃，它们吃完一只螳螂，就要换个蛹室继续吃，直到吃饱为止。这样一来，步甲蜂宝宝的粮食就不够了，它们甚至会被饿死。在这个过程中，芫菁幼虫要经过几次蜕变，不过蜕皮之后它没有任何变化。直到最后，它会停止进食，变成一个红褐色的拟蛹。不久后，二龄幼虫从这个拟蛹里出来了，它们有13个体节，脑袋方方的。除此之外，看起来跟初龄幼虫没什么不同。不过到了三龄幼虫期，它看起来就像鞘翅目昆虫了，三龄幼虫只活动两个星期，之后它会变成蛹，再从蛹变成成虫。

成虫出来了，它们看起来很像斑芜菁和蜡角芜菁。我发现在步甲蜂出没的沙堆上，经常能看到蜡角芜菁，而看不到斑芜菁，因此可以判定，我抓到的这些偷吃螳螂的家

huo shì là jiǎo yuán jīng
伙 是 蜡 角 芫 菁 。

wǒ fā xiàn le yí gè yǒu qù de xiàn xiàng jiù shì
我 发 现 了 一 个 有 趣 的 现 象 , 就 是

zhè xiē jiā huo de tǐ xíng chā yì hěn dà jí shǐ shì tóng
这 些 家 伙 的 体 型 差 异 很 大 。 即 使 是 同

yì zhǒng lèi tóng yí xìng bié de yuán jīng yě cún zài zhè yàng
一 种 类 同 一 性 别 的 芫 菁 , 也 存 在 这 样

de chā yì tā men yǒu de kàn qǐ lái shí fēn jù dà
的 差 异 。 它 们 有 的 看 起 来 十 分 巨 大 ,

yǒu de què shí fēn ǎi xiǎo zhè shì shí wù shù liàng bù tóng
有 的 却 十 分 矮 小 。 这 是 食 物 数 量 不 同

zào chéng de yuán jīng zài yòu chóng qī néng chī dào duō shao zhī
造 成 的 , 芫 菁 在 幼 虫 期 能 吃 到 多 少 只

táng láng quán kào yùn qi jiù xiàng wǒ men suǒ wèi de
螳 螂 , 全 靠 运 气 , 就 像 我 们 所 谓 的

kāi máng hé yí yàng
"开 盲 盒" 一 样 。

虫虫冷知识
CHONGCHONG LENG ZHISHI

中华豆芫菁

在我国，有一种叫中华豆芫菁的小家伙，它们分布在我国北方大部分地区。中华豆芫菁的成虫最喜欢的食物是鲜嫩的槐树叶，说不定你可以在公园里见到它们。这种芫菁长得很漂亮，身体是黑色的，全身长着又细又短的绒毛，像穿了天鹅绒的外衣；头部后方有

红色的小点，像精致的头饰。不过，因为这家伙太能吃啦，养护园林的工作人员都不喜欢它们，每年都会想尽办法跟它们斗智斗勇，防止它们伤害槐树。

爱坐"飞机"的西芫菁

在五月下旬，一些条蜂就会聚集在砂质土坡上，它们非常喜欢在这样的地方安家。跟着这些双翅目的小家伙一起来的，还有西芫菁。不过，现在我们还不太清楚西芫菁来这里做什么。

土坡上，各种各样的条蜂来来往往，热闹极了。它们在忙着建造房子，然后在里面产卵。等夏天过去，八九月份的时候，这里就会安静下来，一只蜂也没有。不过这时候在土坡的深处，会有一群刚出生不久的小幼虫。它们要在温暖舒适的家里慢慢长大，直到冬天结束后才爬出来。但是，有些条蜂幼虫却永远也没机会见到春天的阳光了。有几次我打开条蜂的蛹室，发现这里竟然住着西芫菁的幼虫！

它会吃条蜂幼虫吗？我把这些西芫菁抓回实验室，准备观察一下。这些西芫菁变成成虫后，我让它们进行交配，然后为它们提供了带有条蜂窝的土块。雌性西芫菁钻进了条蜂巢穴里的通道，但是并没有进到蛹室里，而是直接在通道中产下了卵。产卵过程大概用了36小时，卵的数量很多，有两千多个。等到

75

这些卵孵化，我把条蜂的幼虫摆在它们面前，谁知这些小家伙一点也不想吃。难道它们想吃条蜂为宝宝储存的蜜？我把这些蜂蜜拿出来，西芫菁的幼虫依然无动于衷。后来，我又把蛹拿给西芫菁的幼虫吃，可这也不对。

小虫子啊，你究竟想吃什么？

四月时，我找到了答案。我随便抓住一只壁蜂，丢进西芫菁幼虫住的瓶子里。一刻钟后，奇怪的事情发生了：五只西芫菁幼虫全都爬到壁蜂胸部的毛皮上，紧紧地钉在那里。它们并不是要吃掉壁蜂，而是把壁蜂当成交通工具。壁蜂飞回家里的时候，也把西芫菁的幼虫给带了进来。然后，西芫菁的幼虫就会落在它的卵上，以这些卵为食。

我反复观察，发现西芫菁幼虫并不会贸然进入条蜂的育儿室，因为条蜂储备的蜂蜜可能会把西芫菁幼虫给淹死。西芫菁幼虫会待在条蜂的身上，寻找时机，让自己精准地落在位于蜜沼泽中央

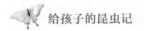

de luǎn shàng yí dàn tā kōng jiàng chéng gōng tiáo fēng nà wèi
的卵上。一旦它空降成功，条蜂那未

chū shì de bǎo bao kě jiù cǎn le
出世的宝宝可就惨了。

kě shì xī yuán jīng yòu chóng zěn me chū qù ne bié
可是西芫菁幼虫怎么出去呢？别

dān xīn xióng fēng huì bǐ cí fēng gèng zǎo biàn chéng chéng chóng fēi
担心，雄蜂会比雌蜂更早变成成虫飞

chū fēng cháo zài chī wán kě kǒu de fēng luǎn zhī hòu xī
出蜂巢。在吃完可口的蜂卵之后，西

yuán jīng yòu chóng huì zhuā zhù lù guò de xióng fēng de róng máo
芫菁幼虫会抓住路过的雄蜂的绒毛，

xiàng zuò fēi jī yí yàng de lí kāi zhè lǐ
像坐飞机一样地离开这里。

虫虫冷知识
CHONGCHONG LENG ZHISHI

"大胃王"芫菁

如果在昆虫界选出几位知名的吃货，芫菁大概也算其中之一。小时候的芫菁酷爱吃肉，蝗虫卵、蜂卵等都是它的最爱。长大后的芫菁却完全换了口味，它长出了咀嚼式口器，开始以树叶为食。不过不管是什么时期的芫菁，食量都很大。在幼虫期时，一只芫菁只能独自享用一份虫卵或昆虫肉；如果有两只或更多幼虫共享一份食物，它们就会打起架来。长大后的芫菁也是大胃王，我国的一种豆芫菁喜欢吃豆科植物的叶子，一只芫菁一天就可以吃掉五六片豌豆叶。

短翅芫菁

芫菁家族里还有一种小东西，名叫短翅芫菁。

这家伙有笨重的大肚子，身体是黑色的，有时还夹杂着绿色。如果你用手去抓它，它会分泌出一种淡黄色的液体，你的手指上还会出现黑点，它闻起来臭臭的。因此在英国，它还有一个外号——油金龟。

它跟西芫菁一样，在初龄幼虫期

喜欢坐"飞机"，是条蜂家里的寄生昆虫。跟西芫菁不同的是，短翅芫菁不会把卵产在蜂巢里。在四五月份的时候，它们喜欢在干燥的土地上或者野草根部挖个洞，把卵产进去，再原封不动地掩埋起来。每一个这样的洞里，大约有4000多个卵，而每一只短翅芫菁可以产卵两三次，这该有多少卵啊！不过短翅芫菁产这么多卵是有道理的，因为它的幼虫很弱小，要面临很多危险，为了提高存活数量，它只好多生一些宝宝。有趣的是，短翅芫菁产卵的地点附近总有条蜂的窝。

这些卵在一个月后孵化成幼虫，它们的身体扁扁的，呈淡黄色，像一种小虱子。它们会爬到菊科植物的身上，趴在花蕊中间，一边吮吸着花蜜，一边等待条蜂这架"航班"来把它们带走。条蜂一来，它们就爬上条蜂的身体，紧紧地抓住条蜂胸前的绒毛。不过这些小家伙视力不好，如果来的是有毛的大蜘蛛和其他蜜蜂，甚至人类，它们也会照爬不误。当然，只有成功搭上蜂类"航班"的小家伙才能活下来，这就是短翅芜菁产很多卵的原因。

到了条蜂的家，短翅芜菁幼虫们会在存满了蜜的条蜂蜂房落地。直接掉进蜂蜜里会被淹死的，但是聪明的短翅芜菁幼虫早就发现了蜂蜜上面漂

着的条蜂卵。它会落在卵上，先把这
个美味可口的蜂卵吃掉，吃得只剩一
片卵壳。然后，它把这片卵壳当成小
船，坐在这艘小船上，去吃蜂房里的

看，飞机！

那些蜂蜜。等这些蜜吃完了，短翅芫菁的幼虫也该长大一些了。

那些搭错"航班"的小家伙们过得怎么样？它们有的去了毛刺沙泥蜂的家，毫无疑问，那里没有甜甜的蜜，短翅芫菁幼虫会被饿死。有些则去了壁蜂的家，可是壁蜂的蜜是固态的，也不太好吃，这些短翅芫菁幼虫同样也会被饿死。

虫虫冷知识
CHONGCHONG LENG ZHISHI

芫菁的"秘密武器"

很多芫菁在遇到危险的时候，都会分泌出一种黄色的透明液体，这是它们的自卫本能。这种液体并不是油，也不是它们的血液，而是一种有毒的物质——斑蝥素。这种毒素会让人的皮肤发痒、疼痛，如果不小心吃下去，还会危及人的生命。但神奇的是，这种毒素竟

然可以治疗某些皮肤疾病。在医学不够发达的时代，人们经常把芫菁引诱出来，让它帮忙治疗一些疾病呢。如果你在野外遇到一只好看的芫菁，一定不要贸然去抓它，这个小家伙可一点也不好惹。

神奇的多次变态

我们都知道，昆虫分为完全变态和不完全变态两种。完全变态昆虫的幼虫先变成蛹，再变成成虫；不完全变态的昆虫需要经过很多次蜕皮，才会变为成虫。而芫菁这种昆虫有点不一样，它需要多次变态，这种变态方式又叫复变态。

短翅芫菁和西芫菁的幼虫都会进入条蜂的家，并且吃掉条蜂的卵。那在这个时期里，芫菁过着怎样的生活呢？它变成了什么样子？

这两种芫菁的幼虫形态差不多，我就以西芫菁为例，讲述一下吧。在到达条蜂蜂房的时候，西芫菁幼虫还是小小的，保持着刚出生的样子，这时它是初龄幼虫。八天后，它把条蜂的卵吸干了，就在卵壳上进行蜕皮。蜕皮之后，它变成了结构健全的二龄幼虫，不再害怕蜂蜜。这时，它把蜕掉的皮丢在条蜂卵壳上，自己则漂浮在蜂蜜里，一动不动地待着。为什么现在的芫菁幼虫不会被蜜给淹死呢？

仔细观察就会发现，它的肚子很大，背部扁平，背上有一些气孔。平时，芫菁幼虫的大肚子浸在蜂蜜中，后背朝上，所以可以呼吸到空气。

芜菁的二龄幼虫有16个体节，头小小的，触角也很短。这时的芜菁幼虫不善于活动，腿也是短短的，只有半毫米长。但惊人的是，它的消化系统发育得很好，几乎跟成虫一样了。食物吃完后，芜菁幼虫的拟蛹期就到了。它会把排泄物排出来，然后蜷缩不动，从身上褪下一个透明的袋子，在这里面继续"变身"。拟蛹期很长，至少也要一个月，这个时期的芜菁幼虫可以不吃不喝，因此很多芜菁幼虫以拟蛹的形态越冬。拟蛹期的芜菁穿着淡黄色的角质外衣，看起来很像蛾子的蛹。

拟蛹期过后，它就变成了三龄幼

虫，可笑的
是，这三龄
幼虫的样子
跟二龄幼虫
没什么区
别！大约
四五个星期
后，它就会
在拟蛹期留
下的壳里，
变成一颗真
正的蛹。再
过一个月，

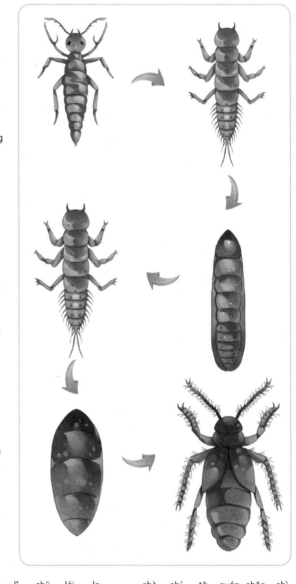

成虫就从蛹里出来了，这时它全身是
白色的，十分娇弱，要在蛹壳里待上

<ruby>半<rt>bàn</rt></ruby><ruby>个<rt>gè</rt></ruby><ruby>月<rt>yuè</rt></ruby><ruby>才<rt>cái</rt></ruby><ruby>能<rt>néng</rt></ruby><ruby>出<rt>chū</rt></ruby><ruby>门<rt>mén</rt></ruby>。<ruby>在<rt>zài</rt></ruby><ruby>这<rt>zhè</rt></ruby><ruby>期<rt>qī</rt></ruby><ruby>间<rt>jiān</rt></ruby>，<ruby>它<rt>tā</rt></ruby><ruby>的<rt>de</rt></ruby><ruby>身<rt>shēn</rt></ruby><ruby>体<rt>tǐ</rt></ruby><ruby>慢<rt>màn</rt></ruby><ruby>慢<rt>màn</rt></ruby><ruby>变<rt>biàn</rt></ruby><ruby>成<rt>chéng</rt></ruby><ruby>黑<rt>hēi</rt></ruby><ruby>色<rt>sè</rt></ruby>，<ruby>最<rt>zuì</rt></ruby><ruby>后<rt>hòu</rt></ruby><ruby>终<rt>zhōng</rt></ruby><ruby>于<rt>yú</rt></ruby><ruby>变<rt>biàn</rt></ruby><ruby>成<rt>chéng</rt></ruby><ruby>了<rt>le</rt></ruby><ruby>跟<rt>gēn</rt></ruby><ruby>它<rt>tā</rt></ruby><ruby>的<rt>de</rt></ruby><ruby>爸<rt>bà</rt></ruby><ruby>爸<rt>ba</rt></ruby><ruby>妈<rt>mā</rt></ruby><ruby>妈<rt>ma</rt></ruby><ruby>一<rt>yí</rt></ruby><ruby>样<rt>yàng</rt></ruby><ruby>的<rt>de</rt></ruby><ruby>芫<rt>yuán</rt></ruby><ruby>菁<rt>jīng</rt></ruby><ruby>成<rt>chéng</rt></ruby><ruby>虫<rt>chóng</rt></ruby>。

<ruby>在<rt>zài</rt></ruby><ruby>成<rt>chéng</rt></ruby><ruby>虫<rt>chóng</rt></ruby><ruby>之<rt>zhī</rt></ruby><ruby>前<rt>qián</rt></ruby>，<ruby>芫<rt>yuán</rt></ruby><ruby>菁<rt>jīng</rt></ruby><ruby>一<rt>yí</rt></ruby><ruby>共<rt>gòng</rt></ruby><ruby>要<rt>yào</rt></ruby><ruby>经<rt>jīng</rt></ruby><ruby>历<rt>lì</rt></ruby><ruby>一<rt>yī</rt></ruby><ruby>龄<rt>líng</rt></ruby><ruby>幼<rt>yòu</rt></ruby><ruby>虫<rt>chóng</rt></ruby>、<ruby>二<rt>èr</rt></ruby><ruby>龄<rt>líng</rt></ruby><ruby>幼<rt>yòu</rt></ruby><ruby>虫<rt>chóng</rt></ruby>、<ruby>拟<rt>nǐ</rt></ruby><ruby>蛹<rt>yǒng</rt></ruby>、<ruby>三<rt>sān</rt></ruby><ruby>龄<rt>líng</rt></ruby><ruby>幼<rt>yòu</rt></ruby><ruby>虫<rt>chóng</rt></ruby>、<ruby>蛹<rt>yǒng</rt></ruby><ruby>五<rt>wǔ</rt></ruby><ruby>个<rt>gè</rt></ruby><ruby>时<rt>shí</rt></ruby><ruby>期<rt>qī</rt></ruby>，<ruby>真<rt>zhēn</rt></ruby><ruby>是<rt>shì</rt></ruby><ruby>令<rt>lìng</rt></ruby><ruby>人<rt>rén</rt></ruby><ruby>感<rt>gǎn</rt></ruby><ruby>到<rt>dào</rt></ruby><ruby>不<rt>bù</rt></ruby><ruby>可<rt>kě</rt></ruby><ruby>思<rt>sī</rt></ruby><ruby>议<rt>yì</rt></ruby>。

虫虫冷知识
CHONGCHONG LENG ZHISHI

昆虫的保护色

有很多昆虫都会用保护色来伪装自己，比如枯叶蝶就喜欢假装树叶，菜青虫的体色也跟叶子差不多。但芫菁不一样，芫菁总是很漂亮，它们有的身上泛着金属的光泽，有的长着好看的花纹，停在树上的时候十分显眼。芫菁看起来这么醒目，难道不怕被天敌盯上吗？难道它不懂什么是保护色吗？实际上，因为它能够分泌有毒的斑蝥素，所以可以肆无忌惮地打扮自己，很少有动物敢欺负它，谁都拿它没办法。

第五部分

漂亮的小甲虫

如果你留心观察周围的环境，就会发现，有很多奇特又美丽的小甲虫是我们的邻居。比如拿着灯笼的萤火虫、长着长长触角的天牛、会"钓鱼"的腐阎虫……它们习性各异，模样也奇奇怪怪的，身上好像藏着很多秘密。

小猎手萤火虫

在我们这个地区，没有什么昆虫像萤火虫一样家喻户晓。这个人见人爱的小东西，为了表达生活的欢乐，竟然在屁股上面挂了一只小小的灯笼。

如果你没有近距离观察过萤火虫，可能会以为它只是一只会飞的蠕虫，或者跟蜜蜂、蝴蝶一样吧。但实际上，它是不折不扣的甲虫，因为它也有鞘翅。当它停止飞行的时候，看起来完全是甲虫的样子。

我们先来看看萤火虫以什么为生吧。萤火虫看上去很美好，可它却是个小小的食肉动物，而且非常狠毒。它的猎物通常是蜗牛，不过人们对它的捕猎方式不够了解，特别是对萤火虫的奇怪的攻击方法，几乎是一无所知。

萤火虫在吃猎物之前，要先麻醉它。它的猎物通常是很小的蜗牛，这些蜗牛的个头还没有樱桃大。夏日里，这种蜗牛聚集在稻子和麦子的茎秆上，在上面待一整个夏天。正是在这种时候，我不止一次地观察到萤火虫对猎物发动攻击，进行灵巧的外科麻醉手术，使猎物在颤动着的茎秆上昏死过去。

我在家中也饲养了一些萤火虫，它很容易被捕捉到，因此，我可以仔

我大意了，
没有躲。

细地观察研究这位外科医生做手术的详细过程。我在一个大玻璃瓶里放上一些草，把几只萤火虫和几只蜗牛也放了进去。蜗牛通常是全身藏于壳内，萤火虫见状，立刻打开它那极其简单的小工具。那是两片呈钩状的颚，很细但很锋利。它用它的手术器械轻轻击打蜗牛壳开口处的外膜，顶多五六次，就足以把猎物给制服。现在，这只倒霉的蜗牛已经毫无知觉了。

有一次，我幸运地看到一只蜗牛正在爬行，突然，萤火虫向它发动了袭击。蜗牛乱动了几下，然后一动不动了。它的身体软软地耷拉下来，如同一只折断了的手杖。蜗牛死了吗？没有。

^{wǒ}我 ^{gěi}给 ^{zhè}这 ^{zhī}只 ^{wō}蜗 ^{niú}牛 ^{xǐ}洗 ^{le}了 ^{gè}个 ^{zǎo}澡，^{liǎng}两 ^{tiān}天 ^{guò}过 ^{hòu}后 ^{tā}它

^{jiù}就 "^{fù}复 ^{huó}活" ^{le}了，^{fǎng}仿 ^{fú}佛 ^{shén}什 ^{me}么 ^{wēi}危 ^{xiǎn}险 ^{dōu}都 ^{méi}没 ^{yǒu}有

^{fā}发 ^{shēng}生 ^{guo}过。

^{yíng}萤 ^{huǒ}火 ^{chóng}虫 ^{rú}如 ^{hé}何 ^{chī}吃 ^{diào}掉 ^{liè}猎 ^{wù}物 ^{ne}呢？^{yíng}萤 ^{huǒ}火 ^{chóng}虫

的所谓"吃"猎物，并不是咀嚼猎物，而是把猎物化为汁液，然后喝掉。萤火虫有一种特殊的消化液，可以把蜗牛肉变成像浓汤一样的东西。然后，它就用自己的口器，一点一点地把蜗牛汤吸进嘴里。

虫虫冷知识

萤火虫发光的秘密

萤火虫的屁股为什么发光？这是因为萤火虫的屁股上有一个发光器，里面装着荧光素和荧光素酶，这两种物质放在一起时，就会产生好看的光。在它刚变成成虫的时候，发光只是为了吓唬天敌，让坏家伙们以为它是人类的灯泡，不敢靠近它。等它到了谈情说爱的年纪，它发出的光就成了一种求偶信号，帮助它找到自己的"心上虫"。虽然萤火虫交配之后一次可以产下 100 ～ 200 枚卵，但是因为它们对生长环境很挑剔，加上人类的捕捉，所以现在数量很稀少了。如果你在某个地方见到萤火虫出没，就说明这里的生态环境很不错呢。

叶甲的"衣服"

衣服对人类来说是必不可少的，对动物来说也是。只不过很多动物天生就穿着衣服，不需要额外制作。

在昆虫领域，最会做衣服的首先要属叶甲。百合花叶甲就会为自己做衣服，虽然它的衣服实在是有点不雅致。百合花叶甲做衣服的原料是自己的粪便，这种粪便可以防止寄生虫的侵害，还有防晒的效果呢。

叶甲的幼虫刚出生时全身裸露，不过很快它们就会为自己编织住所了，这种住所像一个坛子，既是衣服也是房子。坛子制作得细致精美，有着对称的脉络，外表层为土灰色。坛子的底部为圆形，这是因为幼虫身子后面的部位稍微有些膨胀。此外，底部还有着装饰性的小花纹。坛子的口径是圆的，而且还有石井栏。坛子遇水不会变软，也不会四分五裂。它在受烈火炙烤的时候也不变形，只会变黑。幼虫胆子很小，只要听到外界有什么动静，它就会把自己缩到坛子里面。

有一次我在等待幼虫从坛子中露出的时候，就看见它在干活。幼虫在刹那间将自己的身体缩回到坛子里，过了一段时间后又再次出来，而且还载着一个褐色的线球。幼虫将在坛子外找到的一些泥土与这个线球混合，并且揉捏线球，直至均匀。之后它会非常娴熟地把线球铺在石井栏上面，而且还要磨平，呈薄薄的片状。幼虫

这是一座有味道的房子！

只用自己的触须和大颚进行劳动，融合了泥刀、捏合器、轨机以及小桶等器具的作用。这样的重复工作会进行差不多五六次，整个坛子的口径旁边就会呈现出一个卷边。这个卷边是由我们刚才提到的泥土和线球捏成的，那个线球又是什么东西呢？原来那是幼虫的粪便，它可以让坛子变得牢固。

如果叶甲的身体变大了，会怎么样呢？它的本事很高超，在身体长大了之后，就将坛子内里刮下来，然后把这些材料重新粘合成一个大坛子。所有材料都得以回收利用，没有任何浪费的行为。

虫虫档案
CHONGCHONG DANGAN

叶 甲

外号： 老母虫（幼虫）、甘薯金龟子（成虫）

居住地： 全国各地几乎都有

活动周期： 幼虫越冬后在五月开始形成蛹，六月中下旬开始活动，七月下旬产卵，卵变成幼虫后，要发育 10 个月

特长： 小时候善于用自己的屁屁盖房子；长大后擅长装死，并且十分耐饿，可以很久不吃东西

喜欢的食物： 植物的嫩叶

主要事迹： 喜欢在红薯地里活动，残害新长出来的红薯幼苗，导致红薯成片死亡

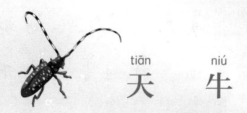

<ruby>天<rt>tiān</rt></ruby> <ruby>牛<rt>niú</rt></ruby>

　　<ruby>冬<rt>dōng</rt></ruby> <ruby>天<rt>tiān</rt></ruby> <ruby>即<rt>jí</rt></ruby> <ruby>将<rt>jiāng</rt></ruby> <ruby>来<rt>lái</rt></ruby> <ruby>临<rt>lín</rt></ruby> ，<ruby>天<rt>tiān</rt></ruby> <ruby>老<rt>lǎo</rt></ruby> <ruby>是<rt>shì</rt></ruby> <ruby>灰<rt>huī</rt></ruby> <ruby>蒙<rt>méng</rt></ruby> <ruby>蒙<rt>méng</rt></ruby> <ruby>的<rt>de</rt></ruby> ，<ruby>这<rt>zhè</rt></ruby> <ruby>是<rt>shì</rt></ruby> <ruby>冬<rt>dōng</rt></ruby> <ruby>日<rt>rì</rt></ruby> <ruby>的<rt>de</rt></ruby> <ruby>明<rt>míng</rt></ruby> <ruby>显<rt>xiǎn</rt></ruby> <ruby>前<rt>qián</rt></ruby> <ruby>兆<rt>zhào</rt></ruby> 。<ruby>我<rt>wǒ</rt></ruby> <ruby>开<rt>kāi</rt></ruby> <ruby>始<rt>shǐ</rt></ruby> <ruby>储<rt>chǔ</rt></ruby> <ruby>备<rt>bèi</rt></ruby> <ruby>木<rt>mù</rt></ruby> <ruby>头<rt>tou</rt></ruby> ，<ruby>留<rt>liú</rt></ruby> <ruby>着<rt>zhe</rt></ruby> <ruby>冬<rt>dōng</rt></ruby> <ruby>天<rt>tiān</rt></ruby> <ruby>烧<rt>shāo</rt></ruby> 。

　　<ruby>我<rt>wǒ</rt></ruby> <ruby>有<rt>yǒu</rt></ruby> <ruby>了<rt>le</rt></ruby> <ruby>一<rt>yì</rt></ruby> <ruby>些<rt>xiē</rt></ruby> <ruby>满<rt>mǎn</rt></ruby> <ruby>是<rt>shì</rt></ruby> <ruby>虫<rt>chóng</rt></ruby> <ruby>眼<rt>yǎn</rt></ruby> <ruby>的<rt>de</rt></ruby> <ruby>树<rt>shù</rt></ruby> <ruby>干<rt>gàn</rt></ruby> ，<ruby>在<rt>zài</rt></ruby> <ruby>干<rt>gān</rt></ruby> <ruby>燥<rt>zào</rt></ruby> <ruby>的<rt>de</rt></ruby> <ruby>沟<rt>gōu</rt></ruby> <ruby>痕<rt>hén</rt></ruby> <ruby>里<rt>lǐ</rt></ruby> ，<ruby>各<rt>gè</rt></ruby> <ruby>种<rt>zhǒng</rt></ruby> <ruby>要<rt>yào</rt></ruby> <ruby>过<rt>guò</rt></ruby> <ruby>冬<rt>dōng</rt></ruby> <ruby>的<rt>de</rt></ruby> <ruby>昆<rt>kūn</rt></ruby> <ruby>虫<rt>chóng</rt></ruby> <ruby>都<rt>dōu</rt></ruby> <ruby>已<rt>yǐ</rt></ruby> <ruby>经<rt>jīng</rt></ruby> <ruby>做<rt>zuò</rt></ruby> <ruby>好<rt>hǎo</rt></ruby> <ruby>了<rt>le</rt></ruby> <ruby>宿<rt>sù</rt></ruby> <ruby>营<rt>yíng</rt></ruby> <ruby>的<rt>de</rt></ruby> <ruby>准<rt>zhǔn</rt></ruby> <ruby>备<rt>bèi</rt></ruby> 。<ruby>天<rt>tiān</rt></ruby> <ruby>牛<rt>niú</rt></ruby> <ruby>也<rt>yě</rt></ruby> <ruby>在<rt>zài</rt></ruby> <ruby>多<rt>duō</rt></ruby> <ruby>汁<rt>zhī</rt></ruby> <ruby>的<rt>de</rt></ruby> <ruby>树<rt>shù</rt></ruby> <ruby>干<rt>gàn</rt></ruby> <ruby>里<rt>lǐ</rt></ruby> <ruby>休<rt>xiū</rt></ruby> <ruby>憩<rt>qì</rt></ruby> ，<ruby>它<rt>tā</rt></ruby> <ruby>可<rt>kě</rt></ruby> <ruby>是<rt>shì</rt></ruby> <ruby>毁<rt>huǐ</rt></ruby> <ruby>坏<rt>huài</rt></ruby> <ruby>橡<rt>xiàng</rt></ruby> <ruby>树<rt>shù</rt></ruby> <ruby>的<rt>de</rt></ruby> <ruby>罪<rt>zuì</rt></ruby> <ruby>魁<rt>kuí</rt></ruby> <ruby>祸<rt>huò</rt></ruby> <ruby>首<rt>shǒu</rt></ruby> 。

　　<ruby>天<rt>tiān</rt></ruby> <ruby>牛<rt>niú</rt></ruby> <ruby>的<rt>de</rt></ruby> <ruby>幼<rt>yòu</rt></ruby> <ruby>虫<rt>chóng</rt></ruby> <ruby>非<rt>fēi</rt></ruby> <ruby>常<rt>cháng</rt></ruby> <ruby>奇<rt>qí</rt></ruby> <ruby>特<rt>tè</rt></ruby> ，<ruby>它<rt>tā</rt></ruby> <ruby>们<rt>men</rt></ruby> <ruby>就<rt>jiù</rt></ruby> <ruby>像<rt>xiàng</rt></ruby>

一段蠕动着的小肠子。年长些的幼虫有成年人的手指头那么粗；年幼些的幼虫像粉笔那样细。待到春暖花开的时候，它们就会爬出树干。不过，它们在树干里大约要生活三年时间。天牛是怎么度过这漫长的时间的呢？它们在橡树干内挖掘通道，以挖掘出来的东西充饥。天牛的上颚很像半圆凿，短短的，但坚硬有力。幼虫一边挖掘通道，一边进食。残渣不断地阻断后路，幼虫在不断地向前进。就这样，幼虫既获得了食物，又得到了安身之所。

幼虫勇敢无畏地挖掘着通道，一直挖到橡树表层，只留下一层薄薄的树皮作为窗帘，隐蔽自己。树皮下面就是天牛成虫的出口，它只需用上颚和额角轻轻地一触，就能把窗帘捅破，得以逃生。挖好逃生通道，它就在出口边凿了一个蛹室。蛹室为扁椭圆形的宽敞的窝，近10厘米长，比成虫的体积要大，使成虫可以自由伸展。蛹室最外面是一堆木屑，然后有一个石头做的小门，门里的地板上也铺着很多柔软的木屑。这扇石头门是哪里来的呢？是天牛幼虫自己做的，它的胃里可以分泌出成分类似石头的物质。我们不难看出，天牛幼虫为了变成蛹，做了很多准备。

灵巧而勤劳的天牛幼虫完成任务

之后，就进入了蛹期。蛹十分虚弱，躺在柔软的睡垫上，头始终冲着门的方向。为什么呢？因为变成蛹的幼虫无法活动身体，如果把脑袋朝向里

面，它会被闷死的。所以，它的头必须始终冲着出口。不过不必担心，因为这家伙早就想到了这一点，是不会犯这种低级错误的。

到了该出洞的时节，向往光明的天牛只要把眼前的木屑扒拉开，用其坚硬的前额顶开石头门，就可以从蛹室里出来了。这么一来，天牛成虫只要沿着通道往外爬，就可以来到出口。如果树皮窗帘没有掀开，它就用牙齿咬，这对它来说易如反掌。现在，它终于见到了阳光，长长的触须激动得不停地颤抖。

天 牛

外号： 啄木虫

家庭住址： 世界各地的大树里

喜欢的食物： 木头

优点： 从小就牙口好，可以把坚硬的木头咬碎，当然胃口也总是很好

主要事迹： 被它啃过的树木里面会变得千疮百孔，像海绵一样。如果遇到大风，树木会被吹断。因此，种树的人将它视为害虫

防治方法： 人们通常在树干上涂厚厚的白色药粉，防止天牛在树干上产卵。如果天牛的幼虫已经住进树干，可以把药水打进它挖的小洞里

蛆虫的杀手——腐阎虫

有人说，一只麻蝇的肚子里可能藏着两万枚卵，而且这些卵如果孵化并长大，又能繁殖很多代。我感到很震惊，这些家伙要吃掉多少东西啊！不过不用担心，就算是看起来令人作呕的蛆虫，也是有天敌的。有一种昆虫叫腐阎虫，它喜欢吃腐烂的动物尸体，在吃尸体的过程中，连蛆虫也照吃不误。

一条死去的蛇被数量众多的蛆虫变成了肉汤，许多陌生的宾客闻到了气味，也来参加蛆虫开的肉汤宴会，其中就有腐阎虫。腐阎虫长得十分美丽，它的身体圆圆的，闪闪发亮，就像一颗饱满的黑珍珠。在这颗"黑珍珠"上，还有漂亮的花纹和斑点。具斑腐阎虫身上还有橙色的星月花纹，神气极了。

现在，腐阎虫开始工作了。它站在还没有变成肉汤的蛇皮上，看着肉汤里的蛆虫。突然，一只蛆虫出现在蛇皮边，被腐阎虫发现了。腐阎虫小心翼翼地靠近它。然后迅速用大颚把它拉起来，津津有味地大嚼。腐阎虫就像在捞鱼一样，东捞一条，西捞一条，不过它始终不敢跳进肉汤里去。

那它要怎样才能吃到肉汤深处的蛆虫

呢？不用担心，因为过不了几天，肉汤就会被蛆虫吃掉。这时，蛆虫会躲到蛇皮下面，而腐阎虫们也会钻到蛇皮下面，把蛆虫全都消灭掉。

腐阎虫的家在哪里？它会在腐烂的尸体上产卵吗？我在这些尸体上找不到它的卵，也没发现它们在这里交配产卵，这些家伙似乎就是为了来吃蛆虫的。三月时，我在一个鸡舍的地上发现了腐阎虫的蛹。原来，它们是在这样的垃圾堆或者粪堆里安家的。

腐阎虫一点也不挑食，无论是麻蝇的后代，还是绿蝇的后代，它们都很喜欢吃。四月时，绿蝇开始在腐烂的动物身上产卵，制造出大量的蛆虫，这时腐阎虫就会准时出现。而到了初秋，成长了一个夏天的幸存者蛆虫变成了新一代苍蝇，准备繁殖了。这时腐阎虫又会出现，似乎在等着吃蛆虫大餐。

而且更奇妙的是，当蛆虫把尸体上的腐肉全部吃光的时候，也是腐阎虫开始大量消灭蛆虫的时候。所以在没有腐肉的动物毛皮上，我们通常看不到蛆虫的影子。这仿佛是大自然的有意安排，当蛆虫完成任务，就要从工作的地方"退休"啦。

腐阎虫

外号： 阎魔虫

外形特征： 体长约 0.5 ~ 2 厘米，身体是黑色的圆球形，触角呈棒状

居住地： 有些幼虫喜欢住在树皮下面，成虫喜欢住在腐烂的尸体和垃圾堆里

喜欢的食物： 幼虫喜欢吃它周围的害虫，成虫喜欢吃蛆虫

特长： 从臭臭的腐肉汤里抓蛆吃；饭量很大

主要事迹： 消灭了很多苍蝇的宝宝，帮助人类减少了苍蝇的数量

第六部分

半翅目昆虫

　　半翅目的昆虫看起来跟鞘翅目的昆虫有点儿像，实际上它们是有区别的。半翅目昆虫只有一半翅膀是硬硬的鞘翅，因此得名半翅目昆虫。这类昆虫很有趣，它们的翅膀看起来扁扁的，身体形态各异，有些半翅目昆虫的颜色非常漂亮，还有好看的花纹呢！

沫蝉的泡泡

四月，当燕子和杜鹃飞来的时候，我们就会发现牧场上到处是一堆一堆的白色泡沫。开始，我以为这是谁吐的唾沫，可是它们太多了，人类是不会有这么多唾沫的。当地的农民认为这是杜鹃的唾沫，还有人认为这是青蛙的唾沫。显然，这些说法都有些荒唐。

想知道这是谁的唾沫吗？那我们得用草棍拨开唾沫堆。在这里面我们会发现一只淡黄色的小虫子，它长得胖胖的，就像没有翅膀的蝉，这团唾沫就是它的家。这种小虫子名叫沫蝉，外形跟蝉很像，生活在阴凉的地方。我查阅了资料，发现它最喜欢吸取植物的汁液，是一种害虫。

抛开这个不谈，我想知道沫蝉的泡沫小屋是怎样做成的。这样的小泡沫只有榛子般大小，但是在太阳下可以坚持很久。跟普通的肥皂泡相比，它的稳固性真是太好了。我仔细观察这堆泡沫，发现里面的每个泡泡都一样大，仿佛经过了严格的筛选。泡沫的原料是一种清澈的液体，这种液体是沫蝉消化植物汁液后的产物。等到沫蝉分泌的液体足够多，快要没过身体的时候，它就开始制造泡沫了。沫蝉不会用嘴巴吹气，它有独特的"鼓风机"——腹部末端的气孔。它先抬起腹部，把末端张开呈"Y"形，然后重新闭紧，再把腹部末端插入液体中，释放出气体，就吹出了一个泡泡。沫蝉就这样不辞辛苦地反复劳作，才能得到一个漂亮的泡沫小屋。

沫蝉在吹泡泡的时候，还会分泌出另外一种物质，它是一种特殊的蛋白质，就像黏合剂一样。这种黏合剂能让沫蝉的泡泡聚集在一起，并且变得牢固一点。沫蝉不喜欢群居，总是自己住在泡沫小房子里。不过有时候，我也会在一堆大泡沫里发现两到三只沫蝉。这只是因为它们凑巧选择了邻近的地点做窝，并不是因为喜欢跟同伴住在一起。

不同的植物会影响沫蝉吹泡泡吗？

我把沫蝉放在各种不同的植物上，发现它们完全不挑食，无论在哪里都能吸取植物汁液，并且做出漂亮的泡沫窝。

虫虫冷知识

爱吹泡泡的沫蝉

文中提到的沫蝉，其实是它的若虫。沫蝉若虫住在泡沫里，这样可以让自己的身体保持湿润，不被晒干。不过到了羽化的时候，这些若虫就得抓紧时间冲出泡沫，不然就会被闷死在里面。沫蝉成虫擅长跳跃，只有大约 5 毫米大，却能跳到 70 厘米高，相当于人类跳到 200 米的高度，非常厉害。沫蝉在世界各地都有分布，我们中国也有。它是一种农业害虫，主要危害水稻等农作物，被沫蝉吸食过的叶片会变成红色，然后逐渐枯黄，严重影响水稻的产量。不过不用担心，目前国内的科学家们正在研究防治它的方法。

真蝽

在我的家乡，有很多种漂亮的鸟蛋，它们颜色淡雅，有着恰到好处的花纹或斑点装饰，就像艺术品。和它们相比，昆虫的卵就有些平平无奇了，昆虫的卵即使有花纹，看起来也十分普通。

但是有一种昆虫的卵很漂亮，可以跟鸟蛋相媲美，它就是真蝽。真蝽虽然长得扁扁的，还带着令人讨厌的臭味，但它的卵很独特，看起来是浅灰色的小圆球，闪烁着珍珠般的光泽。在这些小珍珠上还有特别的花纹，看起来就像个小小的笑脸。笑脸上的嘴巴实际上是一个盖子，未来小真蝽就要从这里破壳而出。把真蝽的卵放在显微镜下看，会发现它并不是一个标准的圆球，那小小的卵盖是一块凸起，就像茶杯的盖子一样。

真蝽一次可以产下30枚左右的卵，它们不会随便地分散，而是组成紧密的一团，聚集在树叶上。这些卵看起来就像一幅珍珠拼贴画，它们的形状整整齐齐。等到真蝽孵化后，这些卵的卵盖都打开了，看起来就像许多个漂亮的小杯子。这些卵群数量最多的可以达到100枚，少的也有20枚左右。因此可以判断，真螈会在不同的地方分次产下卵。

小真螈出生的时候，要怎么顶破卵盖呢？我要观察一下。我把放大镜放在装有卵的试管上，观察着卵的孵化过程。快要孵化的时候，我可以透过卵壳看到小真螈，它缩成一团，头顶上的卵盖已经开了一半。再仔细看看，就会发现小真螈的脑袋上戴着一顶尖尖的小帽子。这帽子是角质的，可以帮助小真螈顶开卵盖。为了顺利破壳，小真螈头部的血液快速流动，一下一下地向上推着帽子。这项工作很辛苦，因为小真蝽的力气还很小，所以要这样顶上一个小时左右，它才能把盖子顶开。

最终，真蝽若虫出来了，它的卵壳不会像鸟蛋壳那样四分五裂，而是保留着完整的外形，只有盖子被打开。不要担心这些真蝽宝宝的生活，因为在大自然中，真蝽妈妈会一直守在卵旁边，等孩子出生。真蝽一家不会待在一个地方固定不动，孩子也会跟随妈妈走来走去，就像小鸡跟着母鸡那样。在下雨时，真蝽妈妈还会打开翅膀，为孩子们撑伞。在遇到想吃真蝽宝宝的雄性真蝽时，真蝽妈妈也会勇敢地扑上去，真是一位伟大的妈妈啊！

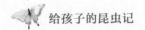

真　蝽

　　说起真蝽，也许你对它并不陌生。它还有一个俗名叫"臭大姐"，在我们周围很常见。这个外号是怎么来的？因为真蝽在遇到敌人时，会释放出一种特殊的臭味，闻起来有些像香菜。真蝽大多是害虫，它们会吸食植物汁液，严重影响植物生长。还有些真蝽喜欢吃肉，经常捕食鱼苗。不过也有少数真蝽是益虫，它们会捕食其他农业害虫，保护植物不受伤害。在我国南方还有一种猎蝽，它也是半翅目昆虫，身体细长一些，喜欢捕食各类昆虫，偶尔吸食哺乳动物的血。